LES

CONCOURS AGRICOLES

LE PROGRÈS AGRICOLE

QUESTION MATÉRIELLE. — DE LA PROPRIÉTÉ

DES DÉFRICHEMENTS DES TERRES

PAR

PAUL VÉRET

de Roye (Somme)

Dépôt chez les principaux Libraires

AMIENS

TYPOGRAPHIE OSCAR SOREL

RUE DU LYCÉE, 73

—

1878

LES CONCOURS AGRICOLES

———

Les Concours agricoles organisés dans tous les départements sont évidemment de bonnes et louables institutions, puisqu'ils ont pour but de récompenser l'aptitude et la moralité des travailleurs, de primer et de mettre en évidence les innovations et les perfectionnements des instruments aratoires, ainsi que les améliorations des races des animaux domestiques ; il est évident aussi que la réunion au Concours des agriculteurs et des travailleurs de tout un canton, en stimulant le progrès dans l'agriculture, resserre en même temps les liens sociaux, par l'effet du contact.

Honneur donc à ces hommes amis du progrès et de leur pays, qui ont eu l'heureuse idée d'organiser les Comices et les Concours agricoles.

Le rôle du progrès, comme celui du fleuve, est de marcher toujours, on peut en arrêter la marche, comme on arrête le cours du fleuve, par des barrages qui retiennent les eaux ; mais à l'un comme à l'autre, les obstacles sont toujours impuissants, car les idées du progrès, comme les eaux du fleuve, renversent bientôt toutes les digues et toutes les barrières pour marcher et rouler alors plus impétueuses.

Faciliter la marche des idées progressives, — laisser toujours un libre cours au fleuve, — c'est être dans l'état naturel et normal, c'est marcher avec prudence et sans secousses dans la voie du progrès et de la civilisation.

Le véritable progrès se trouve dans tout ce qui est fait dans l'intérêt général, qui, par cela même, profite à tous.

Voyons, à cet effet, ce qui se passe dans les Concours agricoles.

Les Concours actuels sont particulièrement visités par les agriculteurs riches, qui ont en mains tous les moyens d'action pour pourvoir aux dépenses, que toute amélioration ou perfectionnement nécessite. Les Concours et les réunions analogues sont pour eux jours de fêtes et de jouissances personnelles ; ils voient entrer en lice les objets qu'ils ont préparés de longue main, avec les soins les plus minutieux ; chaque agriculteur concurrent juge toujours, supérieur aux autres, l'objet qui lui appartient et sur lequel il fonde l'espoir d'obtenir la prime ; aussi existe-t-il parmi tous les concurrents une certaine anxiété jusqu'au moment où le jury agricole, dégagé de la tendresse et de la faiblesse de l'agriculteur pour ses œuvres, vient, avec les yeux de l'impartialité et de la justice, couronner les lauréats.

Dans ce moment suprême, combien de déceptions, qui heureusement se noient et s'oublient dans la coupe d'un

banquet frugal, et dans les toasts chaleureux portés
en l'honneur des couronnés, à la prospérité agricole et
à la gloire de la France.

Nous applaudissons avec ces honorables convives aux
sentiments qui animent et qui président toutes ces réunions, et, comme nous avons la conviction intime que
chaque membre est animé des meilleures intentions
pour son pays, nous comptons sur leur appui et sur
leur concours, pour tout ce qui pourra venir en aide au
développement de l'agriculture.

Dans tous les concours agricoles, avons-nous dit, les
animaux primés appartiennent généralement aux fermiers
ou propriétaires riches, ce qui indique suffisamment que
ce qui manque au plus grand nombre des agriculteurs, ce
sont les moyens d'action, c'est-à-dire l'argent. En effet,
ces derniers, à cause de leur position gênée et souvent
même précaire, sont toujours dans l'impossibilité de
faire, pour la reproduction de leurs bestiaux, les dépenses
que font, sans gêne et sans péril, les premiers, dont
l'honneur et l'amour-propre sont les seuls mobiles pour
ces sortes de choses !

Ne les voit-on pas, à l'approche du Concours, soigner
et nourrir les bestiaux d'une manière toute particulière,
tellement dispendieuse, que les frais dépassent de beaucoup la valeur réelle de l'objet primé ?

Ce mode peut sourire aux riches agriculteurs qui font,
en amateur, de l'agriculture, et qui ne tirent pas leurs
revenus que de la terre qu'ils cultivent ; mais il ne sau-
rait être que désastreux pour l'agriculteur-fermier, qui
malheureusement a déjà trop de charges !

D'après cet exposé, qui est l'expression fidèle de la

vérité, on voit sans peine que les primes sont les lots assurés d'une bien faible partie des agriculteurs, à l'exclusion du plus grand nombre, privé, comme nous l'avons déjà répété, de moyens d'action.

En face de pareils faits, doit-on s'étonner du peu d'amélioration obtenue dans nos races d'animaux domestiques, et de la désertion des Concours par la masse des agriculteurs ?

On signale, il est vrai, de l'amélioration dans les races des animaux de nos plns riches agronomes ; aussi les comptes-rendus des Concours annuels n'enregistrent-ils jamais que les mêmes noms.

S'il n'y a point d'imitateurs, il faut au moins convenir qu'il y ait une cause, et c'est cette cause qu'il importe de découvrir, car l'amélioration qu'on nous signale n'est qu'un progrès partiel, puisque la masse des agriculteurs ne peut le suivre qu'au prix de très grands sacrifices, que ces fermiers sont dans l'impossibité de faire.

En suivant la méthode actuelle, méthode assurément vicieuse, l'agriculture française court grand risque de rester dans l'ornière bien longtemps encore, car continuer à primer des sujets qui ont occasionné plus de frais et de dépenses qu'ils ne valent réellement, c'est le progrès à reculons ; c'est à coup sûr frapper de paralysie tous les concours agricoles.

Suivant nous, le véritable progrès économique agricole se trouverait plutôt dans les Concours où le jury agricole primerait les bestiaux qui, en raison du peu de dépenses qu'ils auraient occasionnées, procureraient les plus gros bénéfices aux agriculteurs.

Ce mode ouvrirait un Concours égalitaire aux plus petites, comme aux plus grosses bourses, et les agriculteurs couronnés seraient alors les véritables champions du travail, de l'ordre économique et du progrès ; ce mode enfin fermerait désormais les portes de la faveur aux castes, et aux privilégiés de la fortune.

En vérité, n'est-il pas dérisoire de convoquer tous les agriculteurs d'un canton au Concours, quand on sait pertinemment que les neuf dixièmes sont matériellement, avec le système actuel, dans l'impossibilité d'être primés, puisqu'il est surabondamment démontré et reconnu, qu'ils ne peuvent faire, pour les bestiaux, les mêmes dépenses que les riches agriculteurs que nous avons signalés.

Il nous semble déjà entendre nos lecteurs se dire : effectivement, ce mode serait plus juste, plus vrai, plus égalitaire, et réaliserait beaucoup mieux le progrès économique agricole; mais est-il praticable ?

Nous n'hésitons pas à répondre négativement parce qu'il faudrait, ou s'en rapporter, pour la déclaration des frais et dépenses, à la bonne foi des gens, (je laisse les lecteurs juges du résultat) ou établir un controle sévère des comptabilités de chaque fermier, ce que je considère dès-à-présent comme impossible.

Mais si ce mode, quoique plus rationnel et plus vrai, est impraticable, est-ce à-dire qu'il faille continuer le système actuel des Concours, avec ses imperfections, alors qu'il est condamné en fait, par l'absence du plus grand nombre des agriculteurs.

De tout ceci, doit-on augurer qu'il n'y a rien à faire, et qu'on doive laisser à l'intelligence ou au bon vouloir des agriculteurs, le soin d'améliorer les races des animaux domestiques, de perfectionner les instruments aratoires et de transformer les modes d'assolements ?

Non, loin de nous cette pensée ; car nous sommes convaincus plus que personne, que l'agriculture, en général, a non-seulement besoin d'aide et de protection, mais qu'il faut encore beaucoup de stimulant pour obtenir d'elle quelques concessions sur la routine.

Suivant nous, le stimulant le plus efficace pour l'agriculture, aussi bien que pour l'industrie, c'est le bénéfice.

Comme c'est aux gouvernés à recevoir l'impulsion des gouvernants, nous nous permettrons de faire à ceux-ci les réflexions suivantes :

Veut-on sérieusement l'amélioration des animaux domestiques ?

Veut-on cette amélioration progressive ou immédiate ?

Si on ne veut cette amélioration que progressive, le mode des Concours actuels atteint assurément le but, puisque l'amélioration partielle ne s'opère, en ce moment, que dans les fermes des riches agriculteurs, et demandera bien encore quelques siècles, avant de porter ses fruits dans l'humble chaumière du petit fermier, lequel, ainsi que nous l'avons démontré, ne trouve dans les Concours actuels, ni aide, ni protection, ni stimulant.

Si, au contraire, on veut cette amélioration immédiate et radicale, le moyen le plus simple et le plus infaillible se trouvera dans l'installation, à chaque chef-lieu de canton, de haras d'animaux reproducteurs, car ce n'est pas remédier au mal que de se borner à convaquer à un Concours tous les agriculteurs d'un canton, et à rechercher, dans une production mauvaise, quelques sujets, dignes ou à peu-près, d'être primés ; c'est au contraire, constater au grand jour, et devant un nombreux public de curieux, que le progrès agricole ne marche pas, et que l'amélioration apportée dans les races d'animaux, chez le plus grand nombre des agriculteurs, est pour ainsi dire nulle. Continuer à décerner des récompenses pour quelques animaux trouvés avec grande peine, cela ne change rien et ne remédie pas, le moins du monde, à la conformation vicieuse du plus grand nombre, et à sa mauvaise reproduction.

C'est donc par l'installation immédiate de haras d'animaux reproducteurs, dans chaque chef-lieu de canton, qu'on obtiendra l'amélioration radicale des animaux domestiques, et qu'on atteindra le but que se proposaient les promoteurs des Concours primitifs.

En effet, la saillie de ces haras d'animaux reproducteurs étant offerte gratuitement à la culture dans tous les cantons de la France, chaque agriculteur, ayant intérêt à avoir une bonne reproduction, s'empresserait d'y amener tous ses bestiaux, puisque la saillie, qui serait évidemment bonne, ne lui coûterait aucun déboursé, et que d'ailleurs, le cas échéant, ces haras seraient seuls chargés de la reproduction. On aurait de cette façon fait, à l'égard des bestiaux, tout ce qu'il est possible et nécessaire pour la bonne reproduction, et par suite, les Concours actuels n'auraient leur raison d'être que comme marchés pour les achats d'animaux reproducteurs.

Nous le répétons avant de conclure, le meilleur stimulant du progrès agricole, c'est le bénéfice, c'est, en un mot, l'argent.

Que les Gouvernements adoptent le mode que nous indiquons, lequel, à coup sûr, est des plus simples et des plus pratiques; ils transformeront, en quelques années, toutes les races des animaux domestiques, qui, assurément, ne le seront pas avant quelques siècles, au moyen des Concours agicoles actuels.

LE PROGRÈS AGRICOLE

Les combinaisons, les industries et les inventions nouvelles sont toujours à leur origine de véritables progrès,
que l'égoïsme, la jalousie et la corruption des hommes
transforment ensuite en abus, favorables à quelques-uns
et toujours nuisibles au grand nombre.

Le véritable progrès a pour but de détruire les abus et
de provoquer le bien-être général.

C'est donc avec la balance, dont l'un des plateaux indique l'abus et l'autre le progrès, qu'il faut peser toutes
les idées et toutes les inventions nouvelles, et prendre
pour juge souverain l'aiguille impartiale du fléau.

Jusqu'alors, les amis sincères du progrès ont fait
assurément tous leurs efforts pour réaliser la réforme des
abus ; mais, toujours incompris par la masse ignorante,
hélas ! par trop facile à égarer et à tromper, et qui, pour
cette raison et par nature, est toujours apte à blâmer et à
critiquer toutes les idées nouvelles, ces valeureux champions de l'humanité ont toujours vu leurs forces s'épuiser

en vain, et les premiers jalons du progrès, plantés dans l'intérêt des peuples, également renversés et détruits, précisément par ceux-là même, qui avaient le plus d'intérêt à en voir la réalisation.

L'histoire fourmillant d'exemples de ce genre, il faut bien reconnaître que l'ennemi le plus dangereux de la société, du progrès et de l'humanité est, sans contredit, l'ignorance.

C'est donc afin d'éclairer les masses et d'extirper du sein de la société, cette gangrène de l'ignorance qui use et abrutit les peuples, que nous allons jeter toute notre organisation sociale et actuelle sur les plateaux de la balance de l'Équité et de la Raison dont l'aiguille impartiale et inexorable prononcera sur elle son arrêt infaillible.

Commençons par l'Agriculture.

L'amélioration du sol, la rotation bien combinée des assolements, l'augmentation des produits et des bestiaux et la création des industries sucrières, alcooliques et de fécules sont, pour l'agriculture, autant d'éléments certains du progrès, lesquels, protégés par un gouvernement habile et paternel, deviendraient une source de prospérité nationale et de bien-être universel ; mais qui, soumis à l'égoïsme et à la rapacité individuels, dégénèrent, au contraire, en abus faisant la fortune de quelques-uns et jetant la masse dans une perturbation telle, qu'il en résulte toujours, pour elle, la ruine et la misère.

Qu'il nous soit permis d'exprimer toute notre pensée sur ce chapitre,

De l'amélioration du Sol.

Le sol appartenant, en grande partie, à de riches propriétaires-rentiers et, par conséquent, parasites, la culture et l'amélioration du sol sont donc confiées, dans certains pays, à des métayers et, dans d'autres, à des fermiers ou tenanciers, pour le grand nombre, dépourvus d'argent et de moyens d'action pour faire face aux besoins incessants d'une bonne culture.

Les métayers, fermiers et tenanciers, débutant en culture dans des conditions aussi exiguës, ce n'est qu'après de longs et pénibles travaux, qu'après des privations continuelles de tout genre, qu'ils réussissent à pouvoir végéter et à améliorer très lentement les terrains qu'ils cultivent. Dans de pareilles conditions, qui oserait soutenir que l'amélioration du sol ne soit point l'œuvre absolue des travaux, des sueurs et des privations de ces malheureux métayers et tenanciers ? Voyons néanmoins quelle sera pour eux la récompense de cette amélioration.

Les propriétaires, voyant leur sol s'améliorer, au lieu de récompenser et d'indemniser leurs tenanciers de la plus-value du terrain, plus-value acquise par les fatigues, les sueurs et les privations de ces derniers, (ce qui serait pourtant on ne peut plus juste et rationnel) leur imposeront, au contraire, un surcroît de rendage, de nouvelles charges enfin, toujours proportionnées à l'amélioration donnée au sol.

Voilà pourtant, depuis des siècles, le genre d'encouragements qu'on a organisé en France et qu'on impose à l'agriculture et au travail.

De la rotation bien combinée des assolements et de l'augmentation des produits et des bestiaux.

Tous les journaux agricoles ne cessent, dans leurs colonnes, d'indiquer et d'expliquer les meilleurs assolements, ainsi que les meilleures races d'animaux reproducteurs. Tous accusent la vieille routine et condamnent ceux qui la suivent encore ; et le nombre, Dieu le sait, en est encore bien grand ! Tous ces habiles publicistes prouvent pourtant, jusqu'à l'évidence, tous les avantages qui en résulteraient si on suivait les avis qu'ils proclament. D'où vient alors cette indifférence de la part du plus grand nombre des agriculteurs ?

M. Moll, agronome distingué et professeur d'agriculture théorique et pratique au Conservatoire de Paris, annonçait un jour, à son auditoire, que dans les conditions actuelles de l'agriculture française, pour opérer les changements d'assolements, se pouvoir d'instruments aratoires convenables, acheter des bestiaux, qui manquent généralement aux fermiers, pour faire, enfin, de l'agriculture telle que la théorie et la raison l'exigent, il faudrait à chaque fermier, à son entrée en ferme, une valeur de 400 fr. par hectare, et qu'actuellement, la culture de France, en général, n'avait pas en mains la valeur de 100 fr. par hectare ; ce qui forçait nécessairement l'agriculture française à rester stationnaire. Il signalait ensuite les désastres qui attendaient les agriculteurs intelligents et plus hardis qui, pour se procurer les moyens d'action qui leur manquaient pour faire de la bonne culture, recouraient aux emprunts, à nos systèmes vicieux et désastreux de crédit. Si le progrès agricole et industriel, disait-il encore, marche à pas de géants en Angleterre, c'est que, dans ce pays, on protége et on soutient réellement l'agriculture par l'argent en abondance et à bon marché.

Ce simple exposé fait voir, au moins clairvoyant, que ce qui manque à l'industrie et surtout à l'agriculture, en France, ce sont les moyens d'action (l'argent). Tant que ce nœud gordien ne sera pas tranché, MM. Moll et autres auront beau faire des cours d'agriculture pratique, les journaux agricoles auront beau, dans leurs colonnes, indiquer les meilleurs assolements et les meilleurs instruments aratoires, signaler chaque jour les meilleures races d'animaux reproducteurs : tout cela sera dit et redit mille fois inutilement ; car c'est vouloir faire marcher une locomotive sans combustible ; c'est vouloir faire fonctionner un mécanisme sans moteur ; c'est, en un mot, vouloir l'impossible.

Dire à un agriculteur qui, avec ses moyens les plus exigüs, peut à peine suivre péniblement encore sa vieille routine :

Il faut changer les assolements ;

Il faut semer des prairies artificielles, ainsi que des plantes sarclées ;

Il faut faner méthodiquement les fourrages ;

Il faut souvent répéter les binages des plantes sarclées ;

Il faut construire des habitations solides, salubres et commodes pour abriter convenablement les bestiaux et les récoltes ;

Il faut acheter des bestiaux et consommer à la ferme

tous les fourrages et les racines, afin de faire beaucoup
d'engrais ;

Il faut que chaque fermier trouve moyen de monter
des fabriques de sucre, d'alcools, de fécules, etc., etc.,
afin qu'il retire tous les bénéfices de sa production.

Tenir ce langage à nos agriculteurs, qui, pour le plus
grand nombre, sont sans argent, n'est-ce pas, par com-
paraison, dire à une armée de livrer bataille sans muni-
tions ? N'est-ce pas dire à des maçons, à qui on ne donnerait pas de matériaux : construisez donc des maisons ?
N'est-ce pas, avant guérison, avoir la prétention de faire
marcher et courir les paralytiques ?

En face de pareils faits, l'agriculteur, qui suit les
cours de M. Moll et qui commente toutes les revues des
journaux agricoles, n'est-il pas en droit de demander et
de dire à ces sommités de notre agriculture théorique et
pratique, qu'ils devraient, au moins, joindre à leurs sages
et intelligents avis, à leurs excellentes méthodes, les
moyens, pour l'agriculture, de pouvoir se procurer l'argent nécessaire et indispensable pour réaliser tout ce
qu'ils proclament ; car, d'après leurs déclarations, con-
firmées par M. Moll dans ses séances au Conservatoire, la
superficie du sol de la France est de cinquante-trois millions d'hectares, dont *onze millions sont encore incultes ;*
reste à 42 millions le nombre d'hectares de terrains cultivés.

Si, suivant M. Moll, la valeur de 400 fr. par hectare
est nécessaire à chaque agriculteur, qui, aujourd'hui,
possède à peine 100 fr., c'est donc 300 fr. qu'il faut
prêter à l'agriculture, soit douze milliards six cents millions, pour mettre en culture convenable 42 millions

d'hectares cultivés ; puis, ajoutez quatre milliards quatre
cents millions pour défricher, marner, irriguer, planter,
et drainer les 11 millions d'hectares encore incultes et
vous aurez le chiffre énorme de *dix-sept milliards*.

Tout le monde sait que le numéraire de toute la
France n'atteint pas *cinq-milliards*. La France, avec
tout son numéraire et tous ses systèmes de crédit, qui rui-
nent l'emprunteur au lieu de l'aider, se trouve donc dans
l'impuissance la plus complète pour pouvoir donner
l'impulsion et offrir les moyens d'action indispensables
au développement de son agriculture, de son industrie et
de son commerce. Aussi, toute la nation en subit-elle
aujourd'hui les plus cruelles et les plus déplorables at-
teintes.

C'est donc pour éviter à notre pays une catastrophe
imminente dans son organisation gouvernementale et
sociale, et le préserver enfin d'une décadence complète,
que nous avons développé dans notre brochure : *La
France régénérée par la transformation des impôts*, etc.,
un vaste système financier qui, en transformant tous les
impôts actuels, met à la disposition de l'agriculture, du
commerce et de l'industrie, au taux de 2 0/0, un capital de *soixante-six milliards*, plus solide que nos billets
de banque et que notre numéraire en espèces métal-
liques.

L'agriculture trouverait donc, dans l'application de notre système, tout ce qui est nécessaire et indispensable au
développement d'une bonne culture, afin d'arriver à une
grande production.

De l'industrie des Sucres, de Fécules et d'Alcools

Ces trois industries sont évidemment trois grands progrès agricoles, puisque la première permet de produire au sein de la mère-patrie, à un prix très-doux, le sucre, ce nectar de l'enfance, de l'adolescence et de la vieillesse, produit qui, autrefois, ne nous arrivait que des colonies les plus éloignées et à un prix très-élevé, soumis qu'il était aux monopoles industriels et des douanes ; que la seconde, qui convertit en farines ou fécules la pomme de terre, est un puissant auxiliaire contre les années disetteuses, tout en se prêtant admirablement au confortable si varié de la gastronomie ; et que la troisième, qui convertit en spiritueux les grains et les légumineux, vient comme providentiellement combler le vide occasionné par les maladies des vignes.

Il est nécessaire pourtant, de voir quelle est la part que procurent ces trois industries à l'agriculture qui en est le principal et véritable moteur.

Nous avons surabondamment démontré la position précaire du plus grand nombre des agriculteurs et, par contre, leur impuissance à opérer seulement les changements d'assolements et les acquisitions de bestiaux. Que sera-ce s'il s'agit de construire des usines et des fabriques avec tout le mécanisme et le matériel ? On comprend qu'en face de l'impuissance et de l'impossibilité, il y a force majeure pour eux, non-seulement d'abandonner toutes les idées et les inventions nouvelles (bien qu'elles soient toujours les précurseurs infaillibles du progrès), mais encore de laisser indéfiniment, à l'état de projets, tous les avis et toutes les théories nouvelles indiqués dans les cours et revues des journaux agricoles.

Il est vrai qu'il n'en sera pas de même pour le capital, ce nerf irrésistible de toute chose ici-bas, lequel, toujours à la piste des bonnes aubaines, profite seul du progrès ; celui-ci devient alors dans ses mains une telle puissance qu'elle écrase le plus souvent, pour ne pas dire toujours, tout ce qui l'entoure.

Arrivons au fait.

Tout le monde sait que le capitaliste n'opère jamais qu'après avoir fait, passé et repassé cent fois tous ses calculs, afin de n'opérer, pour ainsi dire, qu'à coup sûr. Pour l'industrie sucrière, par exemple, l'industriel capitaliste ne construit des usines, des fabriques de sucre qu'après avoir préalablement passé avec les agriculteurs des marchés de betteraves à un prix qui lui assure, par la fabrication, des bénéfices considérables, ne donnant aux agriculteurs, qui ignorent les produits de la betterave, que le prix approximatif qu'ils retireraient de leurs cultures ordinaires. Dans les premières années, cette industrie paraît être un bienfait général en procurant des travaux permanents aux ouvriers, en dotant le sol d'un nouveau produit dont l'écoulement est assuré aux producteurs et en enrichissant l'industriel qui, en définitive, provoque, sans qu'il s'en doute, l'avènement pour les masses, du bien-être universel.

Malheureusement, cette béatitude doit être de bien courte durée pour l'agriculture, car la betterave absorbant dans sa progression une très grande quantité de potasse, l'agriculteur, fournisseur de betteraves, ne tarde

2

pas à s'apercevoir, par l'appauvrissement successif de son
sol, qu'il procure au fabricant, non-seulement la matière
première pour extraire et confectionner le sucre, mais
qu'il lui porte encore le suc de sa terre ; que les pulpes
de la betterave, au lieu de revenir à sa ferme nourir et
engraisser de nombreux bestiaux, afin de pouvoir con-
vertir en engrais, pour sa terre, tout ce qu'elle produit,
afin de perpétuer une bonne et vigoureuse végétation,
restent, au contraire, chez le fabricant qui réalise des
bénéfices considérables sur l'engraissement des bestiaux,
tout en acquérant, de cette façon, au détriment du sol
des agriculteurs fournisseurs de betteraves, des masses
d'engrais qui donneraient un haut degré de fertilité aux
terres qu'il cultive, si son ambition ne le poussait pas à
répéter constamment la betterave, si, en un mot, le fabricant ne cherchait pas à faire sa fortune en quelques
années au détriment du sol.

La puissance et la prospérité des fabricants augmen-
tent donc au moment même où l'impuissance et la stérilité frappent les fermiers et leurs champs.

Les fabricants font en trois mois de fabrication des
bénéfices au centuple de ceux obtenus par les agriculteurs, qui, pourtant, travaillent péniblement depuis le 1er
janvier jusqu'à la Saint-Sylvestre.

Cette position, déjà des plus déplorables pour les agriculteurs proprement dits, n'est malheureusement encore
que l'introduction d'un avenir plus désastreux ; car que
va-t-il se passer entre les fabricants et les fermiers à
l'expiration de leurs traités ? Que se passera-t-il entre
les propriétaires et les fermiers au renouvellement des
baux ?

Les fermiers agriculteurs, voyant leur terre s'appau-
vrir et leurs récoltes diminuer successivement, voudront,
en raison de la position prospère des fabricants, augmenter les prix des nouveaux traités. Les fabricants, que
des bénéfices considérables auront mis dans une position
exceptionnelle de prospérité, acquise, il est vrai, au détriment des fermiers et des travailleurs, loin d'acquiescer
à une demande aussi légitime, se serviront au contraire,
de leur puissance pour anéantir ceux qui leur ont donné
les premiers éléments de prospérité.

Voici ce qui arrivera :

Les fabricants, (suivant le vieux proverbe : plus le dia-
ble possède, plus il veut posséder), désirant réunir le
bénéfice des fermiers au leur, et afin surtout de mono-
poliser dans leur localité l'industrie sucrière à leur profit,
convoiteront les terres des fermiers, et ils auront beau
jeu, en raison de l'avantage que leur donne, sur les fermiers, les bénéfices de la fabrication ; ils porteront la surenchère au renouvellement des baux, surenchère qui
sera accueillie très-favorablement par les propriétaires,
dont le seul point de mire est l'augmentation progressive
de leurs revenus, sans égard pour la position de leurs
fermiers, la plupart chargés de famille, qui, pourtant,
ont constamment amélioré le sol et parfaitement payé
leurs redevances ; ces propriétaires, disons-nous, céde-
ront aux fabricants leurs terres qui, probablement au
bout du bail, seront épuisées et ruinées par le retour
trop souvent répété de la betterave, laquelle, ainsi que
nous l'avons déjà dit, absorbe dans sa progression une
très-grande quantité de potasse, un des principaux agents
de toute végétation.

Il est donc temps, et plus que temps, que le Gouvernement, en bon père de famille, mette fin à ces abus, qui ne tarderont point à jeter partout la pertubation, et à frapper bientôt de stérilité le sol soumis, affecté exclusivement à ce genre de culture, en se hâtant d'ouvrir au progrès une voie nouvelle et directe, conduisant droit au but qui, assurément, est l'intérêt général, au lieu d'être, comme aujourd'hui, l'intérêt particulier.

Les intéressés aux abus, qui sont, à coup sûr, les plus cruels ennemis dn progrès, de la civilisation et de l'humanité, ne manqueront point de faire entrevoir, aux yeux de la masse ignorante, l'impossibilité d'apporter aucun changement à l'organisation agricole actuelle. Nous allons, en conséquence, démontrer que, avec un peu de bon vouloir, un Gouvernement éclairé pourra toujours, sans peine, procurer le bien-être et la prospérité, là où des Gouvernements imprévoyants n'ont provoqué que décadence, ruine et misère.

Voici notre projet :

Nous avons dit que l'adoption de notre système de transformation des impôts jetterait dans les mains de tous les propriétaires d'immeubles un capital de *soixante-six milliards* ; le cas échéant, l'argent ne ferait pas défaut comme aujourd'hui, même pour réaliser les projets les plus grandioses. Tous les propriétaires d'immeubles de toute la France pourraient donc, à l'aide de cet immense capital, dans l'intérêt de leurs fermiers, dans l'intérêt de la production, dans l'intérêt de la société tout entière dont ils deviendraient, par le fait, les administrateurs dévoués et intéressés, au lieu d'en être, comme aujourd'hui, les **exploiteurs parasites**, fournir à l'agricul-

ture, à l'industrie et au travail tous les capitaux nécessaires aux achats d'instruments aratoires, de bestiaux,
d'engrais, d'usines et de fabriques.

Ainsi, pour l'industrie sucrière, et en attendant que
la science et la pratique aient simplifié la fabrication du
sucre au point de pouvoir l'appliquer dans les petites
comme dans les grosses cultures, comme cela a lieu pour
la fabrication des vins et des cidres, quel inconvénient
trouverait-on à l'établissement d'une usine à sucre dans
chaque commune, ou au moins dans chaque chef-lieu de
canton, montée par actions par tous les propriétaires et
exploitée par tous les producteurs ? — Ne serait-ce pas
le moyen de créer partout des travaux considérables et
permanents? — Ne serait-ce pas le moyen d'arriver forcément aux changements d'assolements et par suite à une
augmentation considérable de produits de toute espèce et
de toute nature ? — Ne serait-ce pas faire une réparti-
tion judicieuse à tous les producteurs du fruit de leurs
travaux, de leurs soins et de leur intelligence ? — Ne serait-ce pas mettre tous les producteurs à même de payer
plus largement tous les travailleurs ? — Ne serait-ce pas
ouvrir à la France toutes les portes de la fortune et de
la prospérité ? — Ne serait-ce pas, en un mot, organiser le bien-être universel sur les bases solides et impé-
rissables du travail et de la production ?

Pour réaliser immédiatement cet immense et incontestable progrès, il faudrait n'opérer le retour de la betterave dans le même terrain, que tous les six ans.

Il faudrait que tous les propriétaires terriens d'une
commune ou d'un canton, devenus en même temps ca-
pitalistes, par l'application de notre système financier,

coopèrent, suivant l'importance de leurs propriétés, à la construction d'une usine à sucre, exploitée par tous les fermiers, qui feraient, chaque année, le sixième de leurs terres en betteraves pour l'alimentation de la fabrique.

Voyons, maintenant, quelles seront les conséquences de la mise en pratique, de ce que nous indiquons.

Le retour de la betterave, tous les six ans, au plus tôt, dans le même terrain, aura pour effet de donner au suc particulier de chaque plante le temps de se reproduire, d'empêcher l'épuisement excessif du sol et d'amener naturellement le producteur à suivre pour ses assolements la rotation suivante :

1re année, plantes sarclées dans les fumiers ($\genfrac{(}{)}{0pt}{}{\text{colzas}}{\text{betteraves}}$)

2e année, blés et orges d'hiver ;

3e année, lins, chanvres, œillettes, camelines, légumes et fourrages, etc.;

4e année, blés et orges d'hiver, sur parcage ;

5e année, trèfles, luzernes, sainfoins, minettes ;

6e année, avoines, orges, pamelle, sarrasin, etc.

Cette rotation, comme on le voit, donnerait le temps au suc particulier de chaque plante de se reproduire dans le sein de la terre, assurerait, par l'amélioration successive du sol, une vigoureuse végétation, et, par suite, d'abondantes récoltes en blés, en betteraves, en huiles, en viandes, en laines, en lins et en plantes textiles, et, en un mot, en tout ce qui constitue le bien-être sur la terre.

En résumé, qui oserait contester la somme d'aisance, de bien-être et de prospérité qui résulterait pour la France entière, si la superficie de son territoire, soit 53 millions d'hectares, était en bonne et parfaite culture ?

Quelle somme énorme de produits de toute espèce viendrait s'offrir à la consommation si, par la mise en pratique de notre vaste système financier, le sol de la France produisait tous les ans :

12 millions d'hectares de terres en blés et orge,		
3 millions	—	— en colzas,
3 millions	—	— en betteraves,
3 millions	—	— en lins et chanvres,
3 millions	—	— en œillettes,
6 millions	—	— en fourrages et prairies artificielles,
6 millions	—	— en prairies naturelles, lacs et étangs poissonneux,
6 millions	—	— en bois et forêts,
6 millions	—	— en avoines, orges et pamelles,

Et 5 millions d'hectares de terrains employés aux chemins de fer, aux routes, villes et villages, soit 53 millions d'hectares, superficie de la France.

Le premier devoir d'un Gouvernement n'est-il pas de veiller à ce que, toujours, l'harmonie existe entre la production et la consommation ; son premier soin n'est-il pas de chercher, par tous les moyens, à augmenter sans cesse la production, d'où découle le bien-être et la prospérité pour tous ? S'il en est ainsi, pourquoi donc le Gouvernement de la France, comme celui des autres nations, ne présiderait-il pas à tous les actes de la production ?

Est-ce que le passé n'a pas fourni d'exemples assez frappants pour prouver que les souverains et leurs gouvernements y ont le plus grand intérêt ?

Est-ce que les Gouvernements ne sont pas les premiers à en ressentir les plus fâcheux effets et même à en subir les plus terribles conséquences, aussitôt que l'harmonie n'existe plus entre la production et la consommation ?

Est-ce que l'insuffisance de certaines denrées de première nécessité ne jette pas toujours dans les masses les plus cruelles souffrances qui, le plus souvent, provoquent des révolutions et de terribles perturbations ?

En fait, si les Gouvernements ont le plus grand intérêt à ce que l'harmonie, entre la production et la consommation, existe toujours, pourquoi ne se mettent-ils pas immédiatement à l'œuvre ?

Tous les Gouvernements n'ont-ils pas, dans l'intérêt de leur propre conservation, toujours en réserve des provisions immenses de poudre, de fusils, de canons, de bombes et de boulets, terribles objets de destruction ! Pourquoi donc alors, par mesure de prévoyance et de conservation, ces mêmes Gouvernements ne veilleraient-ils pas à la production qui doit nourrir leurs défenseurs ? Pourquoi ne feraient-ils pas des réserves de matières, premières, d'objets de première nécessité, afin d'assurer l'existence de tous leurs peuples ? Car, à la vérité, que servent les canons de gros calibre et les murailles les plus épaisses à une ville bloquée et dépourvue de vivres ? Que servent les plus belles habitations, les plus beaux palais, les fêtes les plus splendides, les inventions les plus extraordinaires à un peuple qui meurt de misère et de faim ?

QUESTION MATÉRIELLE.

DE LA PROPRIÉTÉ.

Notre intention n'est point de rechercher quelle fut, sous le régime féodal, l'origine des propriétés de nos grands seigneurs ; nous n'avons, pour justifier ces propriétés, d'autres titres que la loi de 1804 (de la Prescription par la jouissance trentenaire tenant lieu de titre). Cependant nous ne saurions nous empêcher de faire ressortir la différence morale qui existe entre un titre uniquement basé sur cette loi, et le titre authentique d'achat et de paiement qui constitue aujourd'hui la vraie propriété.

Nous voulons nous borner à tracer une histoire rapide de la propriété, depuis 1789 jusqu'à nos jours; nous voulons signaler toutes les phases, toutes les causes qui ont accru la valeur du sol français; nous expliquerons ainsi comment les propriétaires sont arrivés à quadrupler leurs revenus, et comment cette augmentation de revenus plonge dans un malaise voisin de la misère notre agriculture qui est de toutes les industries la plus intéressante, car en faisant la richesse du pays, elle procure à l'homme les aliments nécessaires à son existence.

Avant 1789, la terre en culture avait, en France, une valeur moyenne de 400 à 500 fr. l'hectare; cette valeur, dans les pays étrangers, n'était que de 200 à 300 fr. Alors notre agriculture, confiée à des mains inhabiles, dirigée par des hommes sans instruction, sans connaissances spéciales, et constamment dépourvus d'argent, demeurait à l'état d'enfance, et le sol, dont une grande partie restait inculte et stérile, donnait de pauvres produits qui ne suffisaient point à beaucoup près aux besoins du pays (les relevés des douanes en fournissent la preuve irrécusable). Aussi, pour suppléer à nos manquants, l'étranger ne cessait-il d'envoyer dans nos ports des quantités considérables de céréales. Le peu d'élévation de la valeur des terres et des impôts, tant en France qu'à l'étranger, permettait aux producteurs indigènes et exotiques de vendre, avec bénéfice, leurs céréales au prix de 8 à 12 fr. l'hectolitre.

Mais la révolution de 1789, mais les guerres de la République et de l'Empire qui vinrent ensuite, eurent pour conséquence forcée, en bouleversant l'Europe, en fermant toutes les mers, d'arrêter la marche habituelle de notre commerce de céréales avec l'étranger; celui-ci fut mis dans l'impossibilité de continuer ses expéditions, et laissa la France réduite aux ressources insuffisantes de sa production; la pénurie ne tarda pas à se faire sentir, et il en résulta, dans le prix des céréales, une augmentation qui porta de 8 à 12 fr. l'hectolitre au prix de 18 à 25 fr.

Puisque la guerre était la cause unique de ce bouleversement, l'élévation du prix des céréales devait forcément se prolonger autant que la guerre; aussi se maintint-elle de 1789 à 1816, c'est-à-dire durant vingt-cinq ans.

Mais, si cette période de guerre et de cherté des céréales devint funeste à la masse de la population en la forçant de payer l'hectolitre de blé 20 à 25 fr., au lieu de 8 à 12 fr., elle fut, par la même raison, très-lucrative pour les fermiers. Ceux-ci, au début de la guerre, avaient presque tous de longs baux dont le prix était basé sur l'ancienne valeur de 400 à 500 fr. l'hectare; les impôts et le prix de la main-d'œuvre étaient très-modérés; en se mettant à vendre 20 et 25 fr. ce qu'ils pouvaient continuer à vendre 8 et 12 fr. avec bénéfice, ils durent donc s'enrichir, et, en effet, ils firent tous fortune.

Ceux qui profitaient de cette position exceptionnelle ne purent la faire durer aussi longtemps qu'ils l'auraient désiré. Le métier de fermier devint l'objet d'une convoitise générale; chacun voulut cultiver; la concurrence croissant de jour en jour, on se disputa la location des terres; les propriétaires, alléchés par le gain des fermiers, et voyant leurs terres si courues, en augmentèrent successivement le fermage; enfin la voracité de leur appétit grandit au point que le même hectare qui, en 1789, valait de 400 à 500 fr., monta progressivement jusqu'au prix de 2,500 fr. en 1816.

Cette riche position faite par la guerre à la culture, l'augmentation progressive des fermages, et par suite l'augmentation de valeur de la propriété faisaient luire en quelque sorte les rayons de la prospérité sur toute la surface de la France; mais ce n'était, hélas! qu'une prospérité factice, puisqu'elle n'avait d'autre origine que la guerre, et d'autre aliment journalier que la gêne des classes ouvrières, forcées, par cette situation anormale, d'acheter 20 et 25 fr. des céréales qui ne leur auraient coûté que 8 et 12 fr. sans la guerre, et sans cette prétendue prospérité.

La rentrée, en 1815, des Bourbons ramenés par la sainte-alliance, mit fin à la guerre, et rouvrit en même temps les portes de l'étranger à notre commerce. Il semblait alors

que le retour de la paix allait faire disparaître tout ce que
la guerre avait créé d'anormal. Il fallait mettre en première
ligne le sol français, dont la valeur s'était élevée de 400 à
2,500 fr. l'hectare. La propriété territoriale devait donc
descendre de cette valeur factice que la guerre lui avait
donnée, et cela d'autant plus, que, par suite de cette
même guerre, la propriété territoriale étrangère avait subi
une notable dépréciation, et ne valait plus que quelques
cents francs l'hectare. En effet, au bout de quelques années, la paix était consolidée, l'étranger avait renoué avec
nous ses relations commerciales d'autrefois. il retrouvait
en France, pour ses produits, l'écoulement suspendu pendant toute la durée de la guerre., et nos ports de mer re-
gorgeaient de céréales offertes par les producteurs exotiques, aux prix de 10 et 12 fr., comme avant 1789. Dès
lors la situation devint intolérable pour les agriculteurs indigènes dont les blés, par suite de l'augmentation successive des fermages et des impôts, avaient atteint un prix de
revient de 15 et 16 fr. l'hectolitre.

C'en était fait de la culture française avec un pareil état
de choses ; il était urgent d'y mettre fin ; le moyen se pré-
sentait tout naturellement. Puisque, en présence de la
concurrence, le prix des blés français allait forcément diminuer, il fallait que cette conséquence s'étendît aux revenus des propriétaires, et que, descendant de sa valeur
factice, la propriété redevînt ce qu'elle était avant 1789, et
se mît au niveau des propriétés étrangères ; il en serait de
plus résulté un retour au prix normal du pain, à l'avantage de la population. Mais, hélas ! les gros propriétaires
ne pouvaient entendre de cette oreille ; que leur importait
la souffrance du peuple, à laquelle, en définitive, ils
avaient dû l'accroissement de leurs revenus? C'était cet

accroissement de revenus qu'il fallait à tout prix conser-
ver, sauvegarder, faire grandir encore, s'il était possible.
Or, a l'époque dont nous parlons, les gros propriétaires
étaient précisément les seigneurs et les députés de la
France; ils eurent la merveilleuse idée d'imaginer une loi
dont la mise en vigueur devait, en empêchant l'entrée libre en France des blés étrangers, non seulement mainte-
nir l'état anormal où l'on se trouvait, mais encore amener,
dans un temps donné, une nouvelle augmentation dans
leurs revenus.

Cette loi est celle qui établit l'échelle mobile sur les
céréales, organisée dans l'intérêt de la propriété.

Dans une de nos brochures, intitulée : *Plus de disette en
France*, nous avons expliqué clairement les funestes conséquences, pour le pays, du mécanisme de cette loi ; en
voici du reste le sommaire :

1° L'augmentation factice de la propriété, en France,
déterminée par l'interdiction des blés exotiques;

2° L'impossibilité pour nos producteurs de vendre, à
l'extérieur, leurs blés à des prix rémunérateurs ;

3° L'impossibilité pour les consommateurs français de
profiter du bon marché auquel sont offertes presque con-
tinuellement les céréales exotiques ;

4° L'obligation, au contraire, d'acheter ces mêmes
céréales à des prix très-élevés dans les années disetteuses, d'où la cherté du pain, une des principales causes
de la souffrance du peuple ;

5° Le passage à l'étranger d'une grande partie de l'argent français, ce qui, en obérant le trésor, ruine la population.

Il y a certes, dans ces cinq effets de la loi, assez d'importance pour inspirer le désir de s'éclairer sur les véri-

tables intérêts du pays; on trouvera de plus amples expli-
cations dans la brochure dont nous venons de parler.

A peine votée, cette loi d'échelle mobile a eu pour résultat.

L'interdiction de fait des blés étrangers;

Le retour des prix élevés des céréales;

Une nouvelle concurrence dans la location des terres;

Une nouvelle augmentation des fermages, et par suite
une nouvelle plus-value du sol dont le prix, de 1816 à
1846, monta de 2,500 fr. à 3,500 et 4,000 fr. l'hectare.

S'il est incontestable que les guerres de 1789 à 1816,
et la loi de l'échelle mobile ont augmenté considérable-
ment les revenus des propriétaires, il faut reconnaître
aussi qu'elles ont procuré de gros bénéfices aux fermiers,
en leur faisant vendre leurs produits à des prix élevés;
aussi sont-ils devenus propriétaires en partie des terres
qu'ils cultivaient. Grâce au soin qu'ils ont eu de consa-
crer le bénéfice de chaque année à des améliorations, à des
défrichements, à des achats d'engrais et de bestiaux,
grâce aux connaissances agricoles théoriques et pratiques
que l'instruction plus répandue leur a permis de puiser
dans des cours spéciaux, ces fermiers ont contribué puis-
samment à l'amélioration du sol; de pays d'importation
qu'était la France, ils en ont fait un pays d'exportation.
Si déjà nous exportons, quatre années sur cinq, avec une
culture incomplète, que sera-ce après la transformation
des assolements, et la mise en culture des onze millions
d'hectares qui sont encore incultes aujourd'hui!

C'est donc comme pays d'exportation que la France
agricole doit entrer en ligne avec les producteurs étrangers sur les marchés de consommation d'Angleterre, de
Belgique et de Hollande; et c'est nécessairement à ce point

dé vue que de nouvelles lois sur les céréales doivent être élaborées, discutées et votées. En effet, si nous comparons, comme point de départ, le prix de revient du blé de la France : 15 à 16 fr., avec le prix de revient du blé exotique : 7 à 8 fr., il n'est pas besoin de faire de longs calculs pour comprendre que la lutte ruinerait nos agriculteurs. Cependant si notre sol produit, en moyenne, des quantités considérables au-delà de ce qu'exige la consommation du pays, il faudra bien, en définitive, exporter, afin d'éviter l'encombrement des produits et, par suite, l'avilissement des prix. Toute la question est donc d'empêcher que nos producteurs ne trouvent leur ruine dans l'exportation ; car là est tout le mal, là est le ver rongeur qui, pendant les années abondantes de 1847 à 1852, a ruiné en France l'agriculture et le commerce de grains. Qu'un état si vicieux dure encore quatre années, et notre agriculture est anéantie. Nos fermiers obérés, pensons-y bien, cultivent toujours sans engrais. Quelle serait la position de la France si, par suite d'un épuisement successif du sol, la terre appauvrie ne contenait plus assez de sucs fertilisants pour conduire à parfaite maturité les plantes qui lui sont confiées ! N'oublions pas que le sol est la richesse d'une nation.

Pour résoudre une question si importante et qui est à l'ordre du jour, bon nombre d'économistes bien intentionnés proposent chacun à leur point de vue des moyens différents.

Les uns demandent la suppression de l'échelle mobile, soit l'entrée libre des blés exotiques.

Les autres demandent la création de lois plus protectrices encore.

Mais s'ils ne s'entendent point sur le remède, ils sont

au moins d'accord sur le mal; tous reconnaissent que notre agriculture est dans une situation anormale, et que sa perte est imminente si l'on ne vient à son secours par des moyens prompts et efficaces.

Comme nul, plus que nous, n'est convaincu de la vérité de cette maxime : *du choc des opinions jaillit la lumière*, nous avons essayé d'engager un débat sur cette grave question avec le fameux journaliste de *la Patrie;* nous lui adressâmes à cet effet une de nos brochures intitulée : *Réponse à M. Delamarre;* nous combattions dans cet opuscule divers articles de ce publiciste, insérés dans les colonnes de *la Patrie* sous ce titre : *L'Agriculture et la classe ouvrière.* — Malheureusement notre adversaire fit défaut, et la discussion n'eut pas lieu.

Nous nous tournâmes alors vers M. Pommier, l'habile et savant directeur du journal *L'Echo des Halles et des Marchés;* nous lui adressâmes notre brochure : *Plus de disette en France,* qu'il s'empressa de commenter dans les colonnes de son journal. D'accord avec nous sur l'étendue du mal qui tue notre agriculture, il approuvait toute la première partie de notre ouvrage. Quant à la seconde, où nous proposions des remèdes immédiats et efficaces, elle fut l'objet de sa critique; mais, au lieu de se servir des armes honorables d'une discussion franche et loyale, il employa les armes détestables de l'insinuation et de la mauvaise foi, nous faisant dire dans son journal tout le contraire de ce que nous avions écrit dans notre brochure. Nous lui adressâmes aussitôt une réplique, avec prière de la publier dans son journal; il était trop juste qu'il rétablît, auprès de ses abonnés, la discussion sur son véritable terrain M. Pommier fit comme M. Delamarre : sommé par ministère d'huissier, il déserta le champ de bataille. Pauvre

public, aie donc confiance dans tes journalistes, et prends
ce qu'ils disent pour argent comptant! M. Pommier, pour
nous combattre, prétendait alors qu'il était inutile à la
France d'avoir des réserves de céréales, et que, grâce aux
chemins de fer, aux bateaux à vapeur, les froments ne
pouvaient plus atteindre des prix élevés. M. Pommier de-
vrait bien faire jouer aujourd'hui tous les ressorts de son
système, la France lui en aurait assurément la plus grande
obligation.

Mais poursuivons notre œuvre; soyons quand même
les défenseurs persévérants des intérêts généraux du pays,
des intérêts de l'agriculture mise aux abois par l'abondance, des intérêts de la population pauvre que déciment
la misère et la souffrance dans les années disetteuses; ex-
pliquons et soumettons à l'appréciation de ceux qui sont,
comme nous, dévoués à la patrie et à l'humanité, tous les
faits propres à éclairer les populations sur leurs véritables
intérêts; c'est le seul moyen d'arriver à la solution franche
et loyale de la question si importante des subsistances.

La suppression de l'échelle mobile, c'est-à-dire l'entrée
libre des blés exotiques, devra, selon nous, provoquer l'a-
baissement de la valeur de la propriété; car si, depuis
quatre ou cinq années, la vente à l'étranger de nos récoltes abondantes a ruiné notre culture, cette ruine sera
bien plus complète encore si l'apport des blés exotiques
vient nous forcer à vendre à bas prix, même dans les années
disetteuses. Ou notre agriculture serait, en quelques années, anéantie par une telle concurrence, ou elle trouverait
les moyens de lutter, dans un abaissement considérable
des fermages et de l'impôt, qui la placerait dans les mêmes
conditions que les producteurs exotiques; or, tout le
monde reconnaîtra comme nous que l'abaissement du prix

des fermages, c'est l'abaissement de la valeur de la propriété.

Si nous admettons que les bateaux à vapeur, les chemins de fer, les relations commerciales plus suivies doivent équilibrer la valeur des divers produits sur toute la surface du globe, il faudra bien admettre aussi, comme conséquence forcée de tout ce qui précède, le nivellement de la valeur des propriétés. Que les terres de la Russie, de la Baltique, de l'Amérique aient une valeur qui varie de 25 à 400 fr. l'hectare, il en sera nécessairement de même en France, si l'on accorde l'entrée libre aux blés exotiques; tels seront donc les résultats de cette mesure : coup mortel pour notre culture; abaissement successif de la propriété.

Certes, nous sommes, plus que personne, partisan sincère de la liberté du commerce et du libre échange; qu'ils soient proclamés universellement, et le plus cher de nos vœux sera exaucé; nous verrons avec joie tous les pays cultiver librement et expédier sans entraves les produits que la nature a accordés à chaque contrée, à chaque climat, et la production, l'industrie, le commerce, affranchis de toutes mesures prohibitives, réaliser la pensée de Dieu lorsque, après avoir créé l'homme et la femme, il leur dit : Croissez et multipliez, et que tous vos descendants soient frères sur la terre.

Mais la liberté absolue du commerce et le libre échange réclamés au nom de l'humanité, ne peuvent exister que le jour où tous les peuples seront soumis au même régime gouvernemental, lequel sera la mise en action des trois maximes fondamentales du christianisme: la justice, la morale et l'humanité. Dieu veuille que cette ère de bien-être et de prospérité vienne bientôt fermer les plaies toujours saignantes de nos misères humaines qui prennent des proportions de plus en plus effrayantes!

Mais en attendant que la voix de Dieu annonce au monde entier sa volonté, c'est à la voix du peuple qu'il appartient d'éclairer en France les intelligences tardives, afin de faire de notre pays le flambeau de la civilisation, et de son gouvernement l'arche sainte destinée un jour à sauvegarder tous les peuples.

Libres-échangistes et protectionnistes, mariez vos intelligences et vos lumières; donnez-vous la main; de votre union naîtront ce progrès et cette prospérité que vous poursuivez par des routes différentes, sans jamais les atteindre; faites d'un commun accord le premier pas vers la liberté du commerce, en commençant par les objets de première nécessité; annoncez que la France consentira à recevoir en franchise les blés de la Russie, par exemple, si la Russie consent, par réciprocité, à laisser entrer chez elle nos vins en franchise; faites ce premier pas, et vous aurez accompli, soyez-en sûrs, un grand acte d'humanité; vous aurez ouvert la brèche par où passeront ensuite sans peine le libre échange et la liberté du commerce, ces sentinelles avancées de la fraternité universelle. Alors les Russes, enfants de Dieu comme nous, et de la même nature, nous enverraient leurs blés avec assez d'abondance pour empêcher le retour de nos années de famine et de misère; et nous, par réciprocité, nous leur enverrions nos vins réservés jusqu'à présent à la table des riches seigneurs, à l'exclusion de l'ouvrier, de l'agriculteur et de l'industriel, frappés que sont ces vins de droits qui élèvent le prix de la bouteille jusqu'à 6, 7, 8 et 9 fr. Le libre échange faisant tomber à 10 et 12 fr. l'hectolitre de froment en France, à 1, 2 et 3 fr. la bouteille de vin en Russie, apportera donc

infailliblement l'aisance, le confortable, le bien-être dans
les deux pays, établira entre eux des rapports plus suivis,
et fera marcher à pas de géant la civilisation. Que cette
mesure s'étende à tous les peuples, et ceux-ci, se nourris-
sant des mêmes aliments, buvant les mêmes boissons, ar-
riveront naturellement à avoir une même manière de vivre,
une même langue, une même croyance religieuse basée
sur la morale et sur l'humanité, une même civilisation ;
ils verront enfin se réaliser le beau rêve de la fraternité
universelle.

Il ne faut pas se le dissimuler, notre état social actuel
n'est assurément qu'un état transitoire. Les *tarifs*, les oc-
trois, les timbres et nos droits de douane ont tout mis dans
une situation anormale. Examinons les effets moraux et
matériels des douanes. Avec elles est née immédiatement
la contrebande. Grâces aux droits considérables dont on
frappait les marchandises étrangères, on entrevit de belles
chances de gain à les y soustraire, et sur-le-champ com-
mença une nouvelle industrie, entourée de dangers, il est
vrai, mais qui, pour les surmonter, ne craignit pas d'aller
chercher ses moyens jusque dans le crime.

Les contrebandiers et les recéleurs pouvant, tout en se
réservant de beaux bénéfices, livrer à des prix inférieurs
les articles qu'ils parvenaient à soustraire aux taxes doua-
nières, établirent donc une concurrence funeste aux com-
merçants qui se faisaient un devoir sacré de respecter les
lois de leur pays. Mais ceux-ci, bientôt réduits aux abois,
se virent contraints de suivre le torrent ; on regarderait
comme un niais aujourd'hui celui qui ne ferait pas un peu
de contrebande, et l'on a érigé en maxime que *frauder les
droits du gouvernement, ce n'est point voler.*

La suppression des douanes, en anéantissant le métier

immoral de fraudeur, rendrait à l'agriculture et à l'industrie une foule de bras, et replacerait les gens honnêtes et scrupuleux dans un état normal vis-à-vis de la concurrence qui se ferait alors à armes égales.

Passons au timbre.

Dans notre état social, le timbre n'est le plus souvent payé que par ceux qui ne possèdent point. On serait même tenté de croire que cet impôt n'a été imaginé que pour empêcher ceux qui n'ont rien de parvenir à posséder ; on pourrait le traduire par cette phrase : Tu es petit ; tu ne grandiras point. Voici quelques exemples à l'appui de notre assertion :

Supposons deux négociants, l'un dans une brillante position, l'autre dans une position précaire. Le premier, ayant à son service une caisse bien garnie, sera constamment visité par les vendeurs nécessiteux que son habileté exploitera, et il obtiendra ainsi, pour ses achats, des prix extrêmement réduits. Ses ventes lui procureront en sens inverse le même avantage, c'est-à-dire que les acheteurs accourront à lui en raison du crédit qu'il pourra leur faire, et que, vu ce crédit, il leur vendra un peu plus cher ses marchandises. Voilà déjà, par le fait, le petit négociant réduit à ne pouvoir soutenir la concurrence. Quel appui trouvera-t-il auprès des grandes administrations et du gouvernement lui-même, afin de pouvoir marcher et faire face à ses affaires ?

D'abord le gros négociant, en raison du chiffre élevé de ses affaires, obtiendra des directeurs de chemins de fer des prix réduits pour le transport de ses marchandises, tandis que le tarif sera inexorable pour le petit commerçant ; ajoutons que le moindre retard apporté dans l'enlèvement des marchandises devient pour celui-ci une cause de nouveaux frais, ce qui, dans aucun cas, n'a lieu pour le premier.

Voyons maintenant quel sera son lot dans la bienveillance du gouvernement, qui, en bon père de famille, doit aide et protection à chacun de ses enfants.

Le numéraire, en France, étant insuffisant pour combler le chiffre des affaires, on y supplée par des ventes à terme et par des mandats ou billets à échéance, que la loi du timbre frappe d'un droit proportionnel. Or, par qui est payé ce droit de timbre? Par le petit commerçant qui, n'ayant pas des moyens d'action proportionnés à son intelligence, à son courage, à son activité, se voit forcé de recourir aux règlements en mandats ou billets, et par conséquent de payer non seulement le timbre, mais encore les frais désastreux de protêts, de jugements, etc., qui en sont la conséquence. Rien de tout cela ne pèse sur le riche négociant qui paie tout comptant.

1° Acheter la marchandise plus cher, parce qu'il l'achète à terme;

2° Payer plus cher les transports;

3° Payer seul l'impôt du timbre à l'Etat;

4° Etre exposé aux protêts et aux jugements;

5° Vendre à bon marché pour avoir de l'argent comptant.

Tel est donc, en résumé, le partage du petit commerçant, et c'est de cette position critique et fausse qui lui est faite, que naissent la fraude, l'immoralité, la dépravation.

Arrivons à l'octroi.

Que dire, par exemple, des droits sur les boissons, qui atteignent la quantité, non la qualité, de sorte que le meilleur vin ne paie pas plus que le plus mauvais?

Ainsi voilà une pièce de vin de 30 à 40 fr., et une autre

pièce de 1,000 à 1,500 fr. Toutes les deux sont soumises, pour Paris, par exemple, au même droit invariable de 45 fr. Première inégalité entre le pauvre qui boit le vin de 30 fr. et le riche qui boit le vin de 1,000.

Puis, en supposant que le riche et le pauvre aient un égal besoin de régénérer leurs forces, ce qui n'est pas, puisque le pauvre, obligé de travailler péniblement, perd infiniment plus que le riche qui vit dans l'oisiveté, nul ne nous contestera que, s'il faut au riche, pour le refaire, une bouteille d'excellent vin, il en faudra deux au moins de mauvais pour refaire beaucoup moins bien l'ouvrier. Seconde inégalité au détriment du pauvre qui, dans ce cas, paiera deux fois d'impôts ce que paiera le riche.

Mais ce n'est pas seulement du vin de qualité inférieure que boit l'ouvrier. Tandis que le riche fait entrer en pièces, dans sa cave, du vin parfaitement dégusté et vérifié, l'ouvrier va chercher au comptoir du débitant, litre par litre, ou même verre par verre, une liqueur dans laquelle le marchand, jaloux de regagner et le droit d'entrée et le droit de débit, marie, dans des proportions plus ou moins égales, l'eau et le vin colorés à l'aide du bois de campêche. Troisième inégalité : le riche est réconforté; le pauvre est empoisonné.

Nous n'en finirions pas s'il fallait ainsi passer en revue tout le système d'impôt qui nous régit. Nous signalerions l'impôt foncier, revenant, grâce à un cadastre irrégulier, au sixième du revenu réel dans certaines localités, dans d'autres au huitième, et dans d'autres encore seulement au douzième. Nous ferions ressortir dans l'impôt mobilier des disparates plus choquantes encore. Nous demanderions, en abordant la contribution des portes et fenêtres, si elle n'est point établie sur des bases qui violent essentiellement le principe de proportionnalité ; chaque ouverture payant un droit fixe selon l'étage où elle est située, il en résulte qu'une maison de 1,500 fr. de revenu, située dans un pauvre quartier, servant à loger de malheureux ouvriers, paiera autant et plus peut-être que le somptueux hôtel du plus riche de nos banquiers.

Nous le répétons, un pareil état ne peut être que transitoire ; il n'y a que le juste qui soit éternel ; tôt ou tard l'injuste doit disparaître. Nous croyons avoir apporté notre pierre au nouvel édifice social qui remplacera celui-ci, en publiant notre brochure intitulée : *La France régénérée.*

DES DÉFRICHEMENTS

DES TERRES INCULTES DE FRANCE

Soit onze millions d'hectares.

En face de l'insuffisance successive de nos récoltes ;

En face de l'augmentation toujours croissante de la population, à qui la civilisation oblige de dépenser une plus forte somme de bien-être ;

En face de la misère qui tend à prendre chaque jour des proportions de plus en plus effrayantes, le moment est venu, où besoin est, de diriger, vers la production, toutes les forces qui, jusqu'alors, ont resté et restent encores inertes, quand elles ne sont pas chargées d'opérer en grand l'œuvre de la destruction !

Je veux parler de l'armée.

L'armée, se composant des forces les plus vivaces des nations, puisque l'élite seule de la jeunesse peut en faire partie, prive, par le fait, la production des hommes les plus vigoureux et les plus robustes, pour en faire des consommateurs parasites et des auxiliaires aveugles, mais puissants, à l'arbitraire et au despotime, au détriment du droit, de la justice et de l'humanité.

Comme aujourd'hui personne n'ignore le rôle que les petits et les grands potentats font jouer aux armées !!

Comme, à cet égard, chaque page de l'histoire est empreinte de trop nombreux et sanglants exemples.

Comme aujourd'hui chaque famille en subit encore les plus cruelles épreuves, nous nous abstiendrons de rouvrir, par un nouvel exposé, tant de plaies cicatrisées ; puisque cet exposé ne servirait qu'à faire couler de nouvelles larmes, en raison de tous nos désastres et de tous nos malheurs.

Oui, laissons dormir en paix, dans la tombe, toutes ces malheureuses victimes de l'ignorance, de l'erreur et de la barbarie ; mais en revanche, créons pour l'armée une mission plus humanitaire et plus civilisatrice, une mission plus en harmonie avec ses forces intellectuelles et matérielles, une mission, enfin, digne du Créateur et de l'humanité et qui se résume dans le rôle infini de la reproduction.

Onze millions d'hectares de terrains incultes, voilà désormais les champs de bataille des soldats français ; et, on en conviendra, il y a de quoi satisfaire grandement, avec utilité et profit, toutes les intelligences et toutes les forces matérielles qui constituent une armée.

Voies de communications à ouvrir, défrichements, plantations, irrigations, marnages, drainages, constructions de toute nature, sont inconstestablement des travaux à la hauteur de la puissance d'une armée, composée d'hommes robustes et vigoureux ; et cette mission vaudra mieux assurément que celle remplie par les armées depuis bon nombre de siècles !!

(Bref), entrons en matière et faisons ressortir tous les avantages qui découleraient pour le pays d'une semblable organisation.

Nous avons surabondamment démontré dans notre brochure (le Triomphe de l'humanité) que le mauvais vouloir des propriétaires et l'intérêt trop élevé des capitaux, formaient des barrières insurmontables, en ce qui touche les défrichements et le développement de l'agriculture ; nous avons démontré également que le métier d'agriculteur demandait, plus que tout autre, non-seulement beaucoup d'instruction et de connaissances, mais exigeait, en outre, beaucoup de capitaux et que, malheureusement, la science et les capitaux faisaient complètement défaut chez le plus grand nombre des agriculteurs et, qu'alors, il n'y avait rien d'étonnant qu'en France *quarante-deux* millions d'hectares de terrains fussent encore mal cultivés, mal assolés, mal assainis, mal plantés et mal engrainés ! que onze millions d'hectares sont encore incultes ! Que le pays subisse successivement la cherté du pain, de la viande et des autres denrées alimentaires ! Et qu'enfin, les souffrances et les misères frappent à l'heure qu'il est, presqu'à toutes les portes !

Comme dans notre brochure, la France régénérée par la transformation des impôts, nous avons créé et développé un vaste système financier qui mettrait à la disposition de l'agriculture, du commerce et de l'industrie, au taux modique de 2 p. 0/0, tous les capitaux nécessaires pour arriver sûrement, et très-vite, à une très-grande prospérité par la multiplicité des produits et le développement des rapports commerciaux et industriels; il ne nous reste plus qu'à faire, aujourd'hui, des vœux ardents pour que l'Etat, vu la position critique où se trouve actuellement la France, s'empresse non-seulement d'adopter notre système financier, mais qu'il lui donne en même temps l'armée comme auxiliaire, laquelle armée, **nous en avons l'intime conviction, fera en productions des** prodiges plus grands encore que ceux obtenus par elle, jusqu'alors, dans l'œuvre de destruction, des siéges et des batailles !

Si, jusqu'alors, tous les essais de défrichements, faits par les plus valeureux champions de l'agriculture, sont toujours venus se briser contre les deux écueils du taux trop élevé de l'argent et de l'égoïsme, et du mauvais vouloir des propriétaires ; nous avons à prouver comment ces deux trop funestes écueils seraient désormais surmontés et vaincus par l'armée.

L'armée dans son organisation actuelle est en tout et partout à la charge de l'Etat ; que cette armée reste inactive ou qu'elle soit employée à des travaux d'utilité publique, ou de destruction, la même somme n'en est pas moins toujours à dépenser.

D'après ce simple exposé, le lecteur doit déjà voir que les deux écueils, qui ont successivement brisé l'ardeur de nos courageux mais malencontreux défricheurs, disparaissent complètement avec l'armée, puisque la nourriture et la solde des soldats travailleurs et producteurs n'occasionneront pas plus de dépenses que celles occasionnées, jusqu'alors, par les soldats oisifs ou destructeurs.

Conséquemment, l'Etat peut, quand il le voudra, opérer les défrichements des terrains incultes de toute la France sans augmenter son budget.

Voici comment j'entends les défrichements par l'armée.

Les chemins de fer qui traversent toute la France, et qui réduisent en quelque sorte les distances les plus longues, sont évidemment de puissants auxiliaires ; c'est

alors dans les contrées incultes traversées par les chemins de fer que, de février à novembre, j'établirais mes
camps de défrîchements et de travaux agricoles.

S'il est reconnu que l'agglomération de la population
provoque et produit les engrais.

Qu'il est également prouvé que sans engrais l'agriculture n'est possible nulle part ; évidemment, personne n'o-
sera contester que l'agglomération d'une nombreuse armée ne porterait avec elle tous les éléments d'engrais,
de force, de travail et de production !

En divisant l'armée en camps de dix à quinze mille
hommes, au lieu d'élever comme autrefois de simples
baraques, dont les dépenses deviennent sans utilité et
sans emploi aussitôt la levée des camps, l'Etat construi-
rait de vastes hangards pour abriter primitivement l'armée et ensuite les récoltes ; les travaux de constructions
seront d'autant plus faciles et moins dispendieux que
les contrées, non encore soumises à la culture, sont
presque toutes boisées et qu'elles offrent, sur place et à
bon marché, tous les éléments de constructions ; du reste
les dépenses occasionnées pour les constructions ne seraient que de simples avances de fonds, avances recou-
vrées au centuple par la mise en culture des terrains incultes et par la prospérité donnée à ces mêmes contrées,
et comme d'après notre projet, l'armée ne doit opérer que
les défrîchements, les drainages et les irrigations, travaux
qui demanderont pendant deux ans seulement la présence des soldats travailleurs sur le même terrain. Les nouveaux acquéreurs ou bien les nouveaux locataires, à leur
entrée en possession ou en jouissance, auraient à rem-
bourser la valeur des constructions ou à en servir la rente.

Pour attacher l'armée à la grande et sublime mission qu'elle est appelée à remplir tôt ou tard, mission dont le but est d'assurer le bien-être, le bonheur et la prospérité de tous ; il faut que sa tâche, au lieu d'être pénible et fatiguante comme sont, par exemple, les travaux de siéges, les marches forcées, les combats sanglants et les privations de toute nature, soit au contraire douce, facile et attrayante, et c'est pour atteindre ce but que nous fixons à quatre heures par jour, pendant six à huit mois de l'année, la tâche de travail imposée à l'armée, moyennant rétribution d'une somme fixée par chaque heure de travail.

Personne, assurément, ne trouvera que quatre heures de travail par jour, pendant les plus belles saisons, puissent nuire à la discipline, à l'instruction militaire et surtout à la santé du soldat.

La première année, l'armée serait occupée aux travaux de voies et communications, de constructions, de défrîchements, d'irrigations, de drainages, de marnages et de charrois; et la seconde année, aux labours des terrains défrîchés, à l'ensemencement des avoines et de leurs récoltes, l'armée ferait deux récoltes d'avoine dans les terrains défrîchés, lesquels terrains seront alors vendus ou loués, par l'Etat, à de nouveaux agriculteurs possédant tout le matériel nécessaire en instruments aratoires et en bestiaux.

L'armée, avons-nous dit, qu'elle reste inactive ou qu'elle travaille, coûte toujours la même dépense à l'Etat; en conséquence la plus-value du sol, acquise par les défrîchements, sera évidemment un bénéfice net pour lui.

Il en serait de même des récoltes d'avoines, de pailles,

qui, consommées par la cavalerie, dispenseront encore l'Etat de l'acquisition annuelle de ces denrées, dont les dépenses montent à des sommes considérables.

D'après ce simple exposé, on voit que les défrîchements, les irrigations, les drainages, les marnages de tous les terrains incultes de la France peuvent être faits successivement par l'armée, sans augmenter le budget du l'Etat,

Que toutes les récoltes d'avoines et de pailles, faites dans les terrains défrîchés, apporteront une réduction considérable dans les dépenses du ministère de la guerre!

Que l'amélioration des terrains défrîchés sera rapide et infaillible par les fumiers faits, sur place, par les hommes et les chevaux de l'armée !

Que les terrains défrîchés, pourvus alors d'engrais et de constructions, appelleront infailliblement à eux les plus intelligents et les plus valeureux champions de l'agriculture.

Que le bien-être général, par l'abondance de tous les produits, conséquence de la mise en culture des terrains jusqu'alors improductifs, consolidera bien mieux le Gouvernement et la Société que la gêne, la disette, la misère et les souffrances.

Que l'Etat entre dans la voie que nous lui traçons et le bien-être et la prospérité ne tarderont pas à remplacer tous les maux qui accablent, en ce moment, le plus grand nombre des enfants de la France ; car à quel degré de fertilité serait aujourd'hui le sol, si depuis des siècles tous les gouvernements qui se sont succédé, au lieu de laisser l'armée inactive, avaient imposé à chaque soldat quatre heures de travail utile par jour !

Que de vastes terrains encore incultes seraient, aujourd'hui, des terres des plus fertiles !

Que de contrées encore humides, mais assainies par les irrigations seraient de superbes et riantes prairies !

Que de marais fangeux, infects et pestilentiels seraient convertis en lacs et étangs poissonneux !

Que de superbes châlets réunissant tout à la fois, l'utile à l'agréable, remplaceraient toutes ces chétives et misérables chaumières des chepteliers, métayers et fermiers!

Que de produits abondants de toute espèce et de toute nature répandraient dans toutes les artères sociales, l'aisance, le bien-être et la prospérité, au lieu des souffrances et des misères actuelles !

A l'œuvre donc, ô France magnanime et puissante, réunis au plus vite toutes les intelligences d'élite que tu possèdes dans ton sein, fais les travailler d'action et de cœur à l'œuvre immense de la reproduction, sans laquelle il n'existe, pour le peuple, ni bien-être, ni prospérité, ni bonheur.

Fais apparaître, aux yeux des peuples encore égarés par l'égoïsme, par l'ambition, par les superstitions, œuvres du fanatisme civil et religieux, toute la magnificence de cette charité enseignée et pratiquée par le Christ rédempteur ; fais enfin luire, pour tous les enfants, le flambeau de la raison et de cette vraie civilisation qui, tôt ou tard, sauveront l'humanité !

PAUL VÉRET.

— Amiens. — Imp. Oscar Sorel.

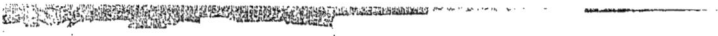

OUVRAGES DU MÊME AUTEUR

**Adressés également en 1852 et 1853 aux Représentants
de la France.**

Plus de disette en France. — Moyens infaillibles de faire tout
fleurir et prospérer, en évitant au pays une perte sèche de 150 à 200
millions sur les céréales tous les cinq à six ans.

Réponse à M. Delamarre, ou la condamnation du Crédit foncier.

Question matérielle. — Explication des causes qui ont fait augmenter de valeur le sol de la France depuis 1789.

De la conservation indéfinie des grains et de liquides
sans manutention, détérioration et déchet.

Question morale. — Explication des **plaies sociales.**

Les Concours agricoles et leurs effets.

Le Progrès agricole et ses effets.

**Question du Despotisme, de la Monarchie, et de la Ré-
publique.**

Des Défrichements par l'armée des terres incultes de France
(soit onze millions d'hectares).

La France régénérée par la transformation des Impôts,
dotant le Pays de moyens d'action d'une **puissance inconnue jusqu'alors.**

Le véritable Crédit agricole.

Question matérielle de la Propriété.

Question financière.

SOUS PRESSE :

**Ce que Napoléon III a fait pour tout perdre. — Ce qu'il
aurait dû faire pour tout sauver.**

Question religieuse, les Paroles d'un Croyant, le Catholicisme, le
Protestantisme, la Liberté de Conscience, les libres Penseurs.

Question judiciaire. La Justice gratuite et égalitaire.

Prospérité ou Décadence d'une Nation.

Amiens. — Typographie Oscar SOREL.